小学生宇宙与航天知识自主读本 **6-10岁适读**

宇宙我知道 太阳

景海荣　著
庄国京　审定

U0221126

中国宇航出版社
·北京·

目录

（图源：NASA）

太阳的诞生

太阳是大约 46 亿年前在一个坍缩的原始星云内形成的。在逐渐坍缩的过程中，这个原始星云开始变得扁平，成为一个直径大约 200 个天文单位的原行星盘。在原行星盘的中心，绝大多数星际物质形成了高温、高密度的原始太阳。5 000 万年后，原始太阳的温度与压力急剧升高，导致氢元素发生热核反应，变成一个大火球——太阳就这样诞生了。

什么是天文单位呢？它是天文学中计量天体之间距离的一种单位，数值取地球和太阳之间的平均距离，大约是 1.49 亿千米。

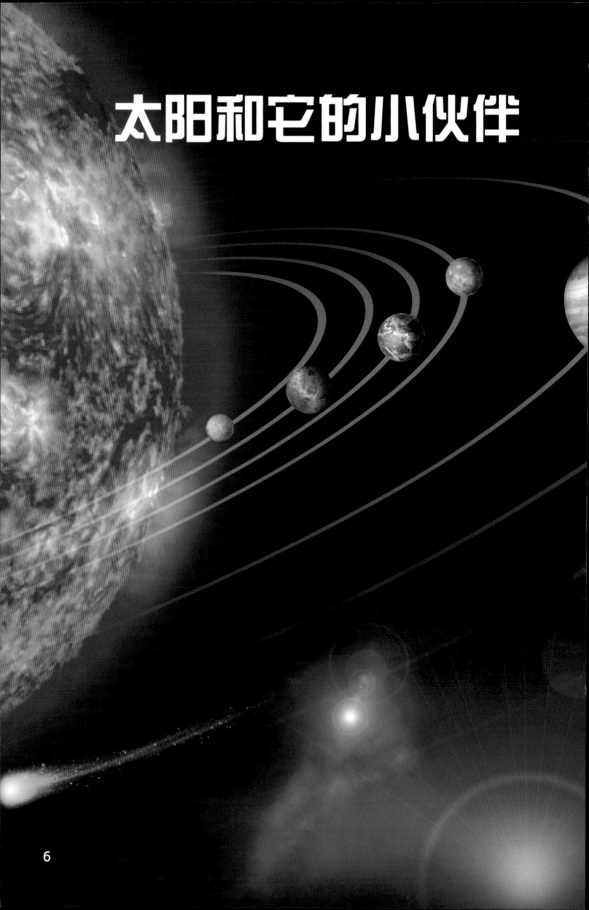

太阳和它的小伙伴

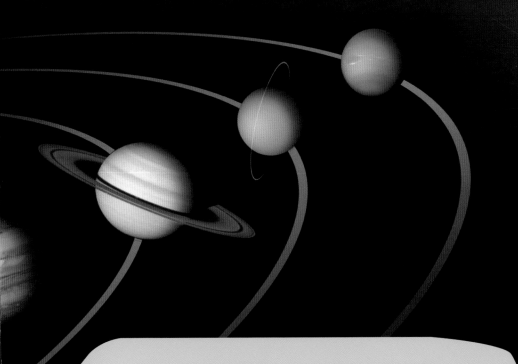

太阳是太阳系的核心。如果把太阳系比作一个王国，那么，太阳就是国王，行星、卫星、矮行星和小行星等其他天体都是这位王国的臣民。太阳的质量占太阳系总质量的99.86%，正因为如此，太阳强大的引力才能把其他天体牢牢地控制在自己周围，让它们围绕自己运转，从而维持了整个太阳系的稳定。

作为太阳系中唯一自身发光的天体，太阳为太阳系的所有成员提供光和热，源源不断的阳光是地球上万物生长的能量来源。同时，强烈的太阳辐射、太阳风和周期性的磁场爆发，也会改变地球周围的空间天气，对太空中的航天器、航天员和地面通信系统，乃至地球上每个人的健康都会造成影响。

太阳有多大？

根据最新的观测数据，太阳的半径约为 695 700 千米，差不多是地球的 109 倍，比太阳系最大的行星木星宽 10 倍。如果把太阳比作一个超大的气球，那么地球的大小就如同一个小小的玻璃弹珠。而且，这个超级大

这是金星经过
太阳时的照片，地球
只比金星略微大一些
（图源：NASA）

气球可以装下约 130 万个小弹珠。不过，在浩瀚宇宙中，
太阳只是一颗中等大小的恒星，宇宙中已知体积最大的
恒星是盾牌座 UY，它的半径大约是太阳的 1 708 倍，体
积几乎是太阳的 50 亿倍。

太阳离我们有多远？

太阳不仅很大，而且离地球也非常遥远。太阳和地球之间的平均距离是 1.49 亿千米，可以一个挨一个地摆下 1 万多个地球。如果我们乘民航飞机去太阳，大约要持续不停地飞行将近 20 年；如果乘坐高铁去太阳，大约要用 60 年；如果把太阳和地球比作篮球和大米，那它们之间的距离就大约是 26 米。

现在，我们回头再看看第 6~7 页的那张图片。请注意，这

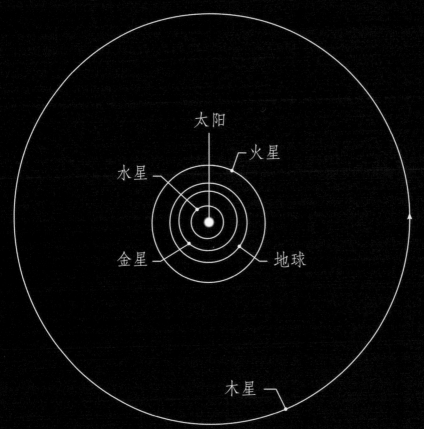

只是一张示意图，帮大家了解太阳系的结构。无论大小还是距离，都不是严格按照实际比例画的。如果那样，离太阳更近的4颗行星，就会小得看不见了；离太阳更远的4颗行星，就会跑到书页外面去了，要用很大很大的纸张才能把它们印上去。为了让大家能看清楚太阳和八大行星的距离，下面用2张图来展示一下大致的比例。

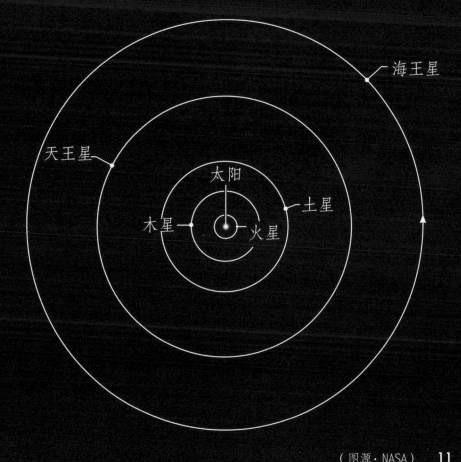

银河系中的小亮点

宇宙非常非常大，天文学家估计，有几千亿个星系，银河系就是其中的一个。而银河系中有大约几千亿颗恒星，我们的太阳只是其中之一。所以，比起整个宇宙，太阳就像是汪洋大海中的一滴水。

太阳在银河系的哪里？它在离银河系核心 26 000 光年远的地方。也就是说，一束光从银河系的核心抵达太阳，要用上 26 000 年，那可是很多很多万亿千米呢！银河系有好几条旋臂，太阳就在猎户座旋臂上。请在图片中找一找星号吧！太阳的大致位置就是那里。它正在绕着银河系的中心旋转，速度是大约 220 千米 / 秒。即使这么快，太阳绕着银河系的中心转上一圈，也需要大约 2.2 亿年！

（图源：NASA）

太阳的结构

对流区

辐射区

核反应区

在地球上用肉眼直接观察太阳非常危险，会伤害眼睛。所以，在很长时间里，人们一直认为太阳就是一个光亮的圆盘。随着现代天文学的发展，人类对太阳有了更深入的了解。现在，我们知道太阳不是实心球，也没有固体的表面，而是一个由超热的带电气体构成的"大火球"。

太阳可以分为6层。最里面是核反应区，占到太阳质量的60%。在这里，每秒钟大约有6亿吨氢转换成氦，是整个太阳系的能源中心。第2层是辐射区，我们眼睛看到的光，就来自这里。第3层是对流区，核反应区产生的能量从这里向外传递。第4层是光球层，我们看到太阳表面，就是这一层。第5层是色球层，第6层是日冕。第4~6层构成了太阳的大气层。

日冕

色球层

光球层

（图源：NASA）

太阳有多热?

在高温高压下，太阳里的氢原子核进行着剧烈的热运动，大量氢原子核聚变成为氦原子核。氦原子核比聚变前的两个氢原子核的质量减小了，而损失的这部分质量就转化成了能量。这个过程中，会产生大量的热。这些热以辐射和对流的形式传递到太阳表面，因此太阳就变成了一个炽热的大火球。太阳最热的部分是它的核心，那里的温度高达1 500万℃。太阳表面温度相对较低，为5 500℃。

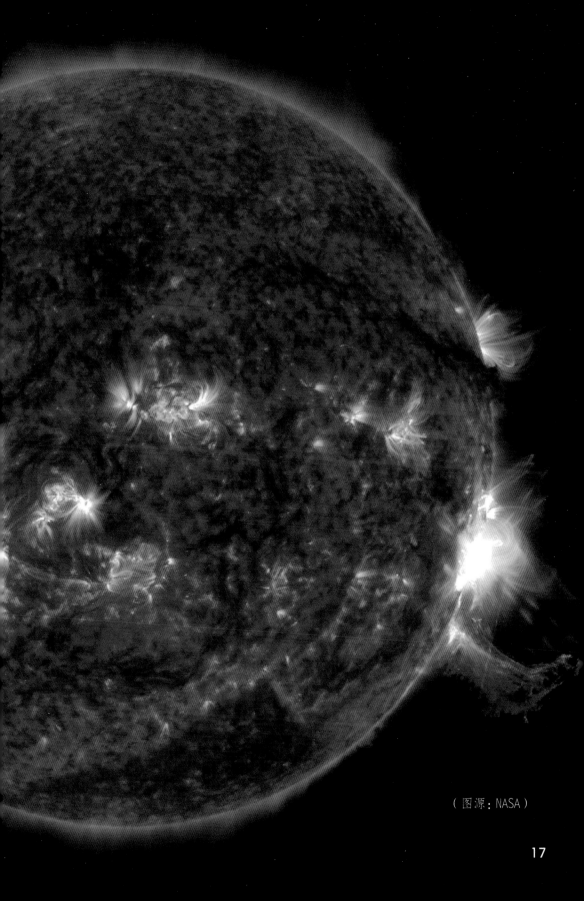

（图源：NASA）

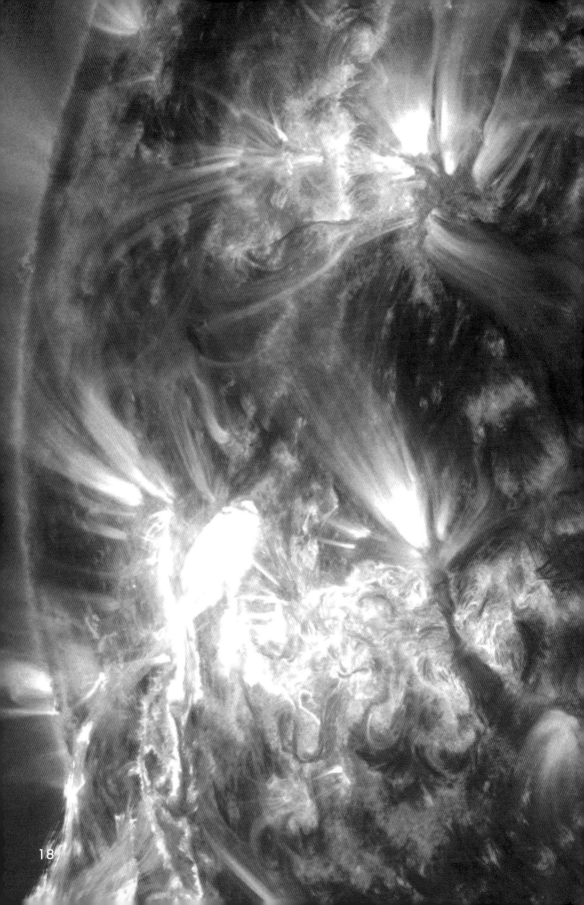

热闹的光球层

光球层大约有 500 千米厚，相对于整个太阳来说，它只是薄薄的一层，只占太阳半径的 0.07%。光球层并不是光滑一片，而是由无数米粒组织构成的。每个米粒组织直径约为 1 000 千米，大的可以达到 3 000 千米。这些米粒组织实际上是从对流层上升到光球层的热气团，平均存在时间大约为 8 分钟，最多也就 16 分钟，所以，光球层就像不断翻滚的大米粥。

除了活跃的米粒组织，光球层上还会出现耀斑，就是那些特别明亮的白色部分。耀斑很任性，神出鬼没，持续几分钟到几十分钟，然后就消失了。但在这短短的时间里，耀斑会释放出非常非常多的能量，可能相当于十万到百万次剧烈火山爆发！

（图源：NASA）

太阳脸上的黑点

　　有时，在光球层上，会出现一些与耀斑形成鲜明对比的东西，那就是成群出现的大大小小的黑点。哎呀！是光球层破了吗？是有小行星撞上太阳了吗？都不是！其实，那些黑点是太阳黑子，是光球层上的一些旋涡状气流，看起来像太阳表面的黑色斑点。它们的直径通常是几百千米到几千千米，出现一次会存在几周时间。太阳黑子的温度比周围区域要低1 500℃左右，颜色更暗，在明亮的光球层上就显得像黑点一样。

太阳黑子的特写，周围是米
粒组织（图源：NASA）

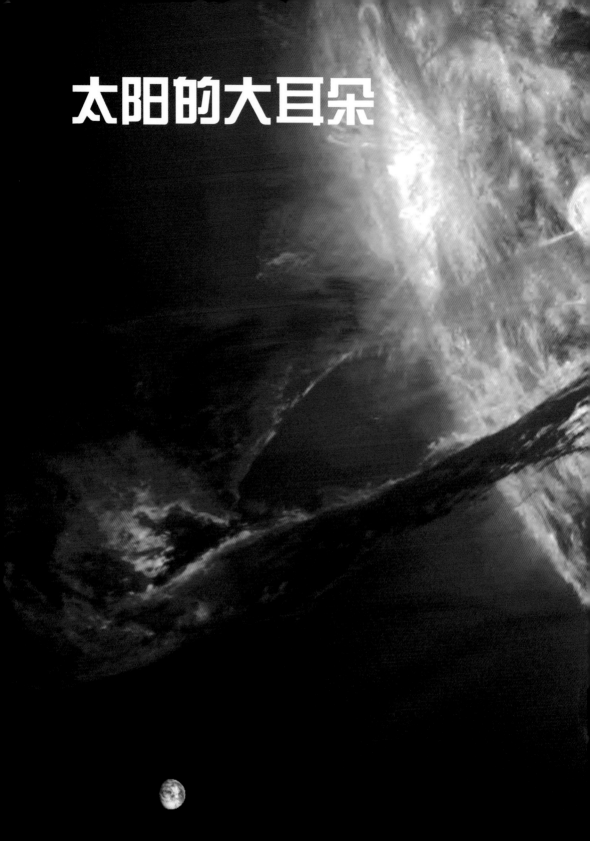

太阳的大耳朵

光球层很热闹，它外面的色球层也不甘寂寞。色球层的平均厚度是光球层的 4 倍，在那里，最显著的太阳活动是日珥。日珥是从色球层喷发出的巨型炽热气流，有时能有几十万千米高，并持续存在几天或几周。从太空中远远望去，巨大的日珥就像是太阳的大耳朵。和这个大耳朵比起来，地球就是个小不点。如果太阳能像大象一样扇耳朵，地球恐怕就会被扇到太阳系外面去了！

日珥与地球的大小对比示意图（图源：NASA）

当太阳风吹到地球

太阳的光球层上有耀斑和黑子，色球层上有巨大的日珥，稀薄的日冕是不是一片安静祥和呢？并不是，从日冕里经常会吹出一阵阵风，叫作太阳风，它会扩散到整个太阳系。地球上的风是由空气分子组成的，太阳风是由比分子小得多的带电粒子组成的，而且密度非常低。不过，太阳风的速度非常快。

从地面拍摄的极光
（图源：Pixabay）

当太阳风吹到地球，会被保护罩一样的地球磁场挡住。但是，还会有少量太阳风进入地球大气层，对通信、电网甚至人体产生影响。同时，太阳风中的粒子与地球大气层中的分子和原子相互作用，会发出大片大片美丽的光芒，这就是极光。

太阳的活动周期

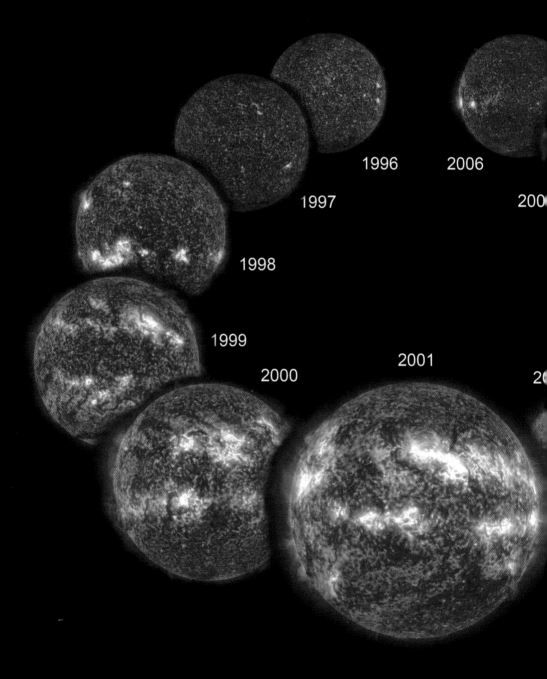

1996

2006

1997

200

1998

1999

2001

2000

2

太阳的状态并不是一成不变的，有时会活跃一些，有时会安静一些。不过，太阳通常不会"乱耍小脾气"，它的状态变化大体是有规律的。两个活跃的高峰，或者说两个安静的谷底之间，通常会间隔11年。太阳越活跃，黑子就越多，耀斑就越多，日珥就越大。

太阳活跃的时候，会在瞬间释放出更多能量，能对地球产生巨大的影响。比如，通信卫星受到干扰，手机和电视信号会中断；导航系统会陷入混乱，司机和飞行员可能会迷路；有些地方还会发生大范围的停电事故。所以，有科学家时刻关注着太阳的状态，以便及时发出预警。

这是太阳在11年活动周期中的
活跃状态对比（图源：NASA）

太阳被吃掉了！

"哎呀！太阳怎么变暗了？"

"太阳上怎么有个阴影？"

在遥远的古代，当这种天文现象出现时，人们会非常害怕。他们以为太阳被什么大妖怪吞掉了，或者被咬了一大口。于是，就有了"天狗食日"的传说，这样的天象就被称为"日食"。

其实，太阳那么大那么热，怎么会被吞被咬呢？它只是暂时被遮住了。被谁呢？就是被地球的卫星——月球呀！当月球运行到太阳和地球中间，而且它们三个在同一条直线上时，就会发生日食。

这是一次日全食的完整过程（图源：NASA）

日环食（图源：NASA）

日食有三种。一是日全食，就是整个太阳都被月球遮住了，天空陷入黑暗，但能看到青白色的日冕。二是日环食，就是太阳的绝大部分都被月球遮住了，只露出最靠边的一圈，像一个金色的圆环。三是日偏食，就是太阳的一部分被月球遮住了，另外的部分还散发着火红的光芒。

直视太阳会导致永久性的眼睛伤害甚至失明。因此，在观察日食时，必须戴上护目镜，或者利用专业设备。

（图源：ESA）

太阳的未来

太阳的最后的绚烂可能是这样的（图源：NASA）

　　宇宙中的一切，包括宇宙本身，有开始就会有结束，有诞生就会有死亡。太阳从气体和尘埃中诞生，渐渐成长。天文学家估计，它现在正处于"中年时期"。在未来，太阳会渐渐衰老，它会越来越"胖"，吞掉水星，吞掉金星，也可能会吞掉地球。不过，小读者不用担心，那是几十亿后的事了。到那时，我们人类应该已经移居到其他星系去了。

未来的人类，将从另外的行星上遥望太阳，看着它变成一颗更大更亮的红巨星。终于，或许在 50 亿年后的某一天，太阳耗尽了所有氢和氦。它筋疲力尽，再也产生不出足够的引力来控制膨胀的肚子。砰！太阳像枚巨大的礼花，在宇宙中炸开了，变成了行星状星云。

　　那么壮丽、那么绚烂、那么辉煌，这就是太阳的最终结局……

（图源：NASA）

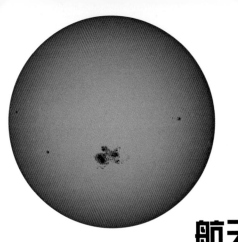

这些问题的答案都在书里哦!

航天迷 问不倒

1. 太阳的半径差不多是地球的多少倍?

2. 太阳和地球之间的平均距离是1.49亿千米, 天文学家把这个距离确定为什么单位?

3. 太阳绕着银河系的中心转上一圈, 需要大约几亿年?

4. 太阳最热的部分是哪里?

5. 太阳的大气层包括光球层、色球层和什么?

6. 光球层上特别明亮的部分叫什么?

7. 太阳黑子的温度比周围区域更高还是更低?

8. 从色球层喷发出的巨型炽热气流叫什么?

9. 太阳的一个活动周期大约是多少年?

10. 地球上看到的日食就是太阳被哪个天体挡住了?